AF586599

L'ÉPI DE BLÉ

L'ÉPI DE BLÉ

LILLE

L. LEFORT, IMPRIMEUR - LIBRAIRE

1854

PROPRIÉTÉ DE

L'ÉPI DE BLÉ

I

Aujourd'hui, nous ne nous occuperons plus de fleurs ni de fruits. Je veux vous introduire, mes amis, dans un jardin plus vaste et ouvert à tous les regards. Ce jardin est de la plus grande simplicité ; mais cette culture, toute simple qu'elle paraît, a exigé plus de peines que celle du parterre le plus soigné. Pour avoir des fleurs, et même un assez grand nombre de beaux fruits, la Providence n'a pas voulu qu'il en coûtât beaucoup à l'homme : le principal mérite de ce bienfait consiste dans l'agrément et les délices. Elle aurait, en quelque sorte, affaibli la grace de son présent, si elle en eût rendu l'acquisition difficile : on eût bientôt renoncé à un plaisir non nécessaire, s'il eût fallu se le procurer à force de fatigues et de sueurs. La culture des fleurs, et même de la plupart des fruits, est donc pour l'homme une occupation amusante : elle est moins un travail qu'un délassement.

Il n'en est pas ainsi des légumes dont il se nourrit, ni du pain qui fait le principal soutien de sa vie. Ce nécessaire, auquel il ne peut se refuser, lui coûte des peines : il n'y parvient que par des efforts assidus, qu'à la sueur de son front ; mais ce travail ne va pas jusqu'à l'accabler. La terre, qui a besoin d'être aidée de sa main, l'encourage par la récompense qu'elle accorde à ses soins. Tout ce qu'il lui prête, elle le lui rend avec usure; et elle multiplie les grains qu'il lui confie, à proportion de l'assiduité et de l'industrie qu'il met à la cultiver. Elle n'est point sujette aux affaiblissements qu'amènent les années; et, après qu'elle a enfanté les moissons les plus abondantes, le repos d'un an, ou même d'un hiver, suffit pour réparer ses pertes.

Toutes les terres ne conviennent pas à toutes les productions. Cette variété a son but : elle est visiblement relative à la variété des grains. En voulant que le blé fût le soutien de la vie des hommes, le Créateur ne nous a pas réduits à un étroit nécessaire, il en a multiplié les espèces. Les unes sont destinées à me nourrir moi-même ; les autres fournissent la subsistance aux animaux qui me servent, ou elles engraissent ceux qui me nourrissent. La variété des terres facilite le progrès de toutes sortes de grains ; et la diversité des grains mutiplie nos commodités. Souvent, un grain qui sert de nourriture dans un pays, est employé comme remède en d'autres. Un accident imprévu enlève-t-il les blés semés avant l'hiver, les grains qu'on sème en mars sauront les remplacer. Ainsi, par une sage dispensation, il ne se trouve point de terrain qui ne puisse être de quelque rapport; point de besoin auquel il ne soit pourvu; point de goût qui ne soit satisfait.

Les terres, pour être mises et tenues en valeur, ont besoin du secours du ciel et de celui de l'homme. Elles reçoivent de l'air et des pluies, les influences qui les fertilisent : de son côté, l'homme leur fournit l'engrais et la culture. Une grande partie des subsistances destinées à l'homme et aux animaux, est confiée à la terre, lorsque les blés d'hiver sont semés; le laboureur jouit alors de quelque repos. Bientôt il verra son champ se couvrir de verdure et lui promettre une récolte abondante. La nature d'abord travaille en secret; mais on peut épier ses opérations, en tirant de la terre quelques-uns des grains qui commencent à germer.

Après que le grain a été déposé dans une terre bien meuble, l'humidité pénètre insensiblement jusque dans l'intérieur, où elle attaque et dissout la substance muqueuse. Celle-ci, devenue fluide, et ne trouvant plus d'obstacle à vaincre coule de rameaux en rameaux, s'assimile au germe, s'identifie avec lui, et, par une conséquence nécessaire, en augmente le volume. Cet accroissement étant parvenu à un certain degré, les racines prennent vigueur, déchirent leurs enveloppes; et, toujours par une même suite de cette affinité, percent les mottes environnantes, s'étendent de droite et de gauche pour y pomper l'aliment nécessaire à la plante. Cette attraction est quelquefois si marquée, qu'il n'est pas rare de voir la racine, comme si elle était douée de discernement, se détourner brusquement d'une motte très-molle, pour s'introduire dans une plus compacte, mais plus analogue à sa nature. Enfin, une petite pointe commence à se montrer hors de la terre : le champ paraît un tapis de verdure, et reste assez long-temps dans cet état, jusqu'à ce que, dans la belle saison, l'épi sorte des étuis où il se dérobait à un air trop froid et toujours incertain.

Cette considération me conduit naturellement à réfléchir sur la nature de la vie humaine. Mon existence actuelle est le germe d'une vie qui ne doit point finir. Nous sommes ici-bas dans la saison des semailles ; nous y apercevons quelques accroissements ; mais l'entière maturité des fruits, les épis, dans leur perfection, ne se voient point encore. La récolte ne s'en fait point sur la terre : nous vivons dans l'espérance. Le laboureur a ensemencé son champ : il abandonne ses grains à la pluie, aux orages, à la chaleur du soleil; et il ne voit pas ce qui en résultera. Il en est ainsi de la semence spirituelle. Les progrès que je fais ne doivent point m'enorgueillir : mais, d'un autre côté, je ne me découragerai point, si je n'en vois pas d'abord les fruits. Je ne me lasserai point de *semer en esprit;* et je peux me flatter que mes bonnes œuvres, quelque petites qu'elles soient, auront les suites les plus heureuses pour l'éternité.

J'attendrai donc, sans crainte et sans inquiétude, le temps où je dois recueillir le fruit de ce que j'aurai semé; et, semblable au pieux laboureur, je conjurerai le Père commun de répandre sur sa moisson ses bénédictions les plus abondantes.

II

Le mois d'août est le moment où la campagne nous abandonne

ses premières richesses. C'est pour nous qu'elle a revêtu sa robe d'or. Nos blés penchent leurs têtes et s'offrent à la faucille. Nous, qui avons arrosé les sillons de nos sueurs, ne laissons pas tomber l'épi sans nous élever vers Celui qui a béni nos travaux et nous donne la récolte. Il est bien juste que l'action de graces de l'homme et son cantique d'amour se placent sur la plus belle page du livre de Dieu, celle qui nous parle si haut de ses libéralités et de ses dons.

Que de millions d'épis couvrent

la surface de nos champs ! Chaque épi renferme d'inexprimables merveilles. Que de prodiges semés sur nos champs !...

Ne demandons pas comment d'un grain pourri dans la terre, peut naître, se développer, grandir, cette frêle plante qui porte la nourriture de l'homme. C'est là un des mystères sans nombre, sous lesquels il a plu à Dieu de voiler sa toute-puissante sagesse. Arrêtons-nous seulement à considérer la structure de cette plante si utile à nos besoins.

Quelle admirable économie dans

la hauteur de sa tige ! Plus élevée, les sucs nourriciers n'eussent pu sans doute pénétrer si bien jusqu'à l'épi : plus basse, la dépuration de ces sucs n'eût pu se faire; l'humidité eut fait germer le grain avant qu'il eut été recueilli, et des animaux eussent pu y atteindre et le détruire.

Quelle intelligence dans sa forme ! Ces tiges se trouvent pressées dans nos sillons; ne fallait-il pas que leur forme fût arrondie , afin que la chaleur pût, avec la même force, les pénétrer de toute part ?

Ce tuyau est bien mince; il

semble succomber sous son poids, mais remarquez que le vent le plie: il courbe, et sa flexibilité fait qu'il ne se rompt pas. Un petit champ peut en contenir un grand nombre. Ils s'entr'aident ainsi contre les vents et les tempêtes, c'est un peuple dont l'union fait la force. Plus faibles et plus grêles, ils ne pourraient porter leurs fruits; plus nourris, plus épais, les insectes pourraient s'y établir; plus solides et plus forts, ils se briseraient sous les coups de l'orage, où les oiseaux, pouvant s'y reposer, en becqueteraient les grains; alors encore, ce chalumeau eût été bien dur pour le pauvre, dont il doit plus tard former la couche indigente.

Remarquez en outre que le Créateur a pourvu cette tige de quatre nœuds très-forts, qui l'affermissent sans lui ôter sa souplesse. Ces nœuds ont un autre but encore, celui de former entre eux une sorte d'alambic, car, à chacun d'eux se trouve ménagé un petit tamis très-fin, par où passent et s'épurent, sous l'activante chaleur du soleil, les sucs nourriciers que transmet la racine.

Quel ingénieux échafaudage

pour arriver jusqu'à l'épi qui forme le faîte de ce léger édifice, et qui pourrait, mieux que la flèche aérienne sur laquelle il se balance, prêter matière à une foule de considération sur l'admirable travail de la nature et la perfection des œuvres de Dieu !

Quelle sagesse, quel art, quelle puissance dans la structure d'un seul tuyau de blé ! et parce qu'il est journellement sous nos yeux, nous n'y faisons d'ordinaire aucune attention.

O mon Dieu ! qu'elles sont multipliées les preuves de votre sagesse et de votre bonté pour nous! Pourquoi l'homme n'ouvre-t-il pas continuellement son âme aux sentiments de sa reconnaissance?

Dieu tout amour, et qui ne cessez de pourvoir à notre nourriture, à notre bien être, comment l'homme peut-il cesser de vous bénir! comment ne pas toujours crier : Amour!...

III

Vous voyez le blé croître de jour en jour : insensiblement le tendre épi mûrit, et s'apprête à fournir un pain nourrissant : bénédiction précieuse que l'Auteur de la nature accorde au travail de l'homme ! Parcourez des yeux un champ de froment et de seigle, calculez les millions d'épis qui couvrent sa surface, et réfléchissez sur la sagesse des lois qui président à cette végétation. Que de préparatifs sont nécessaires pour nous procurer l'aliment le plus indispensable ! Combien de changements progressifs devaient avoir lieu dans la nature, avant que l'épi pût élever sa tête ! Dans le temps où la plante commence à végéter, on voit se former quatre feuilles, et quelquefois six, qui partent d'autant de nœuds. Elles préparent le suc nourricier pour l'épi, qui se voit déjà en petit, quand au printemps, on fend un tuyau par le milieu : on peut même, dès l'automne, découvrir cet épi sous la forme d'une petite grappe, lorsque les nœuds sont encore très-serrés les uns contre les autres.

Quand le grain a été quelque temps en terre, il pousse une tige qui s'élève perpendiculairement, mais qui ne croît que par degrés, afin de favoriser la maturité du fruit. On voit ensuite paraître l'épi, et la fleur destinée, par ses poussières, à féconder le fruit, auquel peut-être elle fournit sa meilleure nourriture. Cette fleur est un petit tuyau blanc, tenu par un fil extrêmement délié, qui sort de la graine, laquelle est elle-même le pistil.

Aux fleurs succèdent des grains qui contiennent le germe, et qui sont formés long-temps avant que la substance farineuse paraisse. Cette substance se multiplie peu à peu. Le fruit mûrit dès qu'il atteint sa juste grosseur : alors le tuyau et les épis blanchissent, et la couleur verdâtre des grains devient jaune ou d'un brun obscur. Ces grains, cependant, sont encore fort mous, et leur farine contient beaucoup d'humidité : mais lorsque le blé est parvenu à son entière maturité, il devient sec et dur. On a vu, par des engrais bien ménagés et une culture bien entendue, un seul grain pousser sept ou huit tiges, dont chacune portait un épi garni de plus de cinquante grains. Le nombre des tiges, sur un même pied, s'est quelquefois trouvé prodigieux : on en a compté jusqu'à trente-deux ; et Pline en cite un sur lequel on voyait trois cent soixante tiges.

Ces faits, trop attestés pour qu'on puisse les révoquer en doute, prouvent qu'au lieu d'un seul germe dans chaque graine, il s'y en trouve réellement plusieurs dont le plus avancé part le premier et affame les autres : à moins qu'aux environs, il ne se rencontre des nourritures en assez grande abondance pour alimenter d'autres germes et les envelopper : ce qui montre de quelle importance est une culture savante et bien dirigée.

C'est par une raison très-sage que la hauteur de la tige est de quatre à cinq pieds. Cependant ce tronc si élevé n'a, dans sa plus grande épaisseur, que deux lignes de diamètre : économie au moyen de laquelle un petit champ peut contenir une multitude d'épis. La hauteur de la tige contribue à la dépuration des sucs nourriciers que la racine envoie ; et sa forme arrondie favorise cette opération, en permettant à la chaleur d'y pénétrer de tous côtés avec la même force.

Au reste, cette tige si mince et si grêle a été construite avec un artifice qui la maintient des mois entiers contre les agitations de l'air, sans qu'elle succombe sous le poids de l'épi, ni qu'elle cède au souffle impétueux des vents.

Le peu d'épaisseur de cette tige fait, comme nous l'avons déjà remnrqué, sa sûreté au milieu des tempêtes et des fortes ondées, qui la courbent sans la rompre. Qu'il est agréable alors de contempler cette forêt d'épis dans leur agitation ! Les ondes de l'air qui se succèdent, les abaissent tour-à-tour : ils semblent rouler comme les flots de la mer. Mais la tige, à l'aide de ses nœuds, conserve assez de raideur pour se relever, lorsque le calme est rendu ; et cette surface mobile, qui donnait l'image d'une mer battue des vents, la représente encore dans la perspective si rare d'une parfaite tranquillité. Si le tuyau de blé eût été plus dur et plus raide, peut-être eût-il aussi bien résisté à toutes les attaques ; mais de petits animaux auraient pu s'y loger, les oiseaux s'y percher, en becqueter les grains; et d'ailleurs, comment eût-il servi de lit aux pauvres, à qui le Père commun des hommes en voulait préparer un?

A côté du tuyau principal, on en voit pousser d'autres plus bas, ainsi que des feuilles, qui, ramassant des gouttes de rosée et de pluie, fournissent à la plante les sucs qui lui sont nécessaires. Dans ces entrefaites, le grain, pour qui tout cet échafaudage est destiné, se forme peu à peu.

C'est pour préserver ces tendres nourrissons, des accidents et des dangers qui pourraient les faire mourir à l'instant de leur naissance, que les deux feuilles supérieures de la tige se joignent et se réunissent : elles garantissent l'épi, et lui font en même temps parvenir les sucs dont il a besoin. Mais aussitôt que la tige est assez formée pour que le grain puisse les recevoir d'elle seule, les feuilles se desèchent peu à peu, afin que rien ne soit ôté au fruit, et que la racine n'ait plus rien d'inutile à nourrir. C'est alors que le petit édifice se montre dans toute sa beauté. L'épi couronné se balance avec grace ; et ses pointes lui servent d'ornement, aussi-bien que de défense contre les insultes des oiseaux. Rafraîchi par des pluies bénignes, il fleurit au temps marqué, donne les plus belles espérances au laboureur, et de jour en jour devient plus jaune, jusqu'à ce que, succombant sous le poids de ses richesses, sa tête se courbe d'elle-même, et appelle la faucille du moissonneur.

Homme léger et ingrat, ouvre ton

âme aux doux sentiments de la joie et de la reconnaissance ! Si tu peux contempler un champ de blé avec indifférence, tu n'es pas digne de la nourriture qu'il te fournit. Viens apprendre à penser en homme, et à goûter le plus noble plaisir dont un mortel puisse être capable sur la terre : celui de découvrir ton Créateur dans chaque créature. Alors seulement tu t'élèveras au-dessus de la brute, et tu te rapprocheras de la béatitude des êtres glorifiés.

Père tendre et bienfaisant ! puissent tous ceux qui se promènent autour des champs, et qui contemplent cette forêt d'épis ondoyants dont ils sont couverts, éprouver à cet aspect les sentiments d'admiration et d'amour que tant de bienveillance doit naturellement exciter! Puisse chacun de ceux pour qui cette bonté divine fait mûrir ces abondantes moissons, lui rendre les actions de graces qui lui sont si justement dues!

IV

C'est pour les hommes que chaque année les champs se parent

de verdure et se couvrent d'épis, dont le fruit, sous leurs mains, se convertit en leur aliment le plus ordinaire. Parmi ceux que le bienfaisant Créateur nous distribue avec tant de profusion et de libéralité, le pain est en même temps et le plus commun et le plus sain. Il est aussi nécessaire à la table du prince qu'au repas du berger : l'infirme, le convalescent se sentent restaurés par son usage, aussi bien que l'homme en santé. Sans doute, il est particulièrement destiné à la nourriture de l'homme, puisque la plante dont il provient peut se reproduire sous les climats les plus divers, et qu'il est difficile de trouver un pays où le blé ne puisse mûrir.

L'éloge qu'on fait du pain, dont jamais on ne sent mieux le prix que lorsqu'il vient à nous manquer, prouve assez qu'il est un des grands bienfaits de la nature, et le premier des aliments. Le goût pour le pain est celui que nous perdons le dernier, et son retour est le signe le plus assuré de la convalescence. Il convient en tout temps, à tout âge et à tous les tempéraments : il corrige et fait digérer les autres nourritures, il influe sur nos bonnes ou nos mauvaises digestions. On peut le manger avec la viande et les autres mets, sans qu'il en change la saveur. Il est tellement analogue à notre constitution, que, dès notre enfance, nous commençons à montrer pour lui une espèce de prédilection, et nous ne nous en lassons jamais. Les mets coûteux et recherchés qu'invente la mollesse ou l'ostentation, cessent de flatter le palais par leur fréquent usage : on finit par s'en dégoûter. Au contraire, le pain cause toujours un nouveau plaisir; et le vieillard qui, durant tant d'années, en fit son aliment, s'en nourrit encore avec délices, quand pour lui tous les autres ont perdu leurs attraits.

Est-il nécessaire maintenant, ô chrétien, de te dire combien il est juste de remonter chaque jour à ton Créateur, en faisant usage du pain, et de le bénir de sa libéralité? Choisis parmi ce grand nombre de comestibles, ceux que tu préfères aux autres : en est il un plus naturel, plus généralement sain, plus nourrissant, plus fortifiant? L'odeur des aromates est plus piquante ; mais celle du pain, toute simple qu'elle est, sert à nous convaincre qu'il contient des parties essentiellement propres à réparer les pertes que nous faisons à chaque instant de notre propre substance.

Considérons d'ailleurs le soin si visible que le Créateur a eu de notre santé, en nous assignant le pain pour aliment. Nos humeurs sont sujettes à se corrompre : il nous fallait donc une nourriture qui pût s'opposer à la corruption ; et cette qualité se trouve dans le pain : comme il nous vient du règne végétal, il a moins de tendance à la putréfaction. Un autre avantage, c'est que par les différents degrés de consistance qu'on sait lui donner, on peut le rendre propre aux besoins de chaque estomac, et le conserver plus ou moins long-temps.

V

Après le froment, le seigle, l'orge et le riz, qui sont, selon les lieux, la base de la nourriture des hommes, il n'est aucune plante plus digne de nos soins que la pomme de terre. Elle prospère dans les deux continents : sa récolte ne manque presque jamais ; elle ne craint ni la grêle, ni la coulure, ni les autres accidents qui anéantissent en un clin-d'œil le produit de nos moissons. Elle est un moyen de parer au malheur de la famine ; et, en cas de disette de grain, elle peut prendre la forme du pain, et nous nourrir presque aussi commodément. Elle n'a pas même toujours besoin de l'appareil de la boulangerie pour devenir un comestible salutaire et efficace. Les pommes de terre, telles que la nature nous les donne, sont une sorte de pain tout fait : cuites dans l'eau ou sous la cendre, et assaisonnées de quelques grains de sel, elles peuvent, sans autre apprêt, nourrir à peu de frais, le pauvre pendant l'hiver. Cette plante précieuse a déjà contribué à rétablir en Europe la population, à laquelle la découverte du Nouveau-Monde avait porté de si fortes atteintes; et la main bienfaisante du Créateur semble y avoir réuni tout ce qu'il est possible de désirer pour faire trouver l'abondance et l'économie au sein même de la chèreté et de la stérilité.

Je ne serais pas digne de recevoir le pain qui me nourrit, si j'étais insensible au don que Dieu m'en a fait. Quoi ! je ne remercierais pas ce Père si bon, si tendre, qui fait sortir le pain de la terre pour me sustenter et me fortifier ! Quoi ! semblable à la brute, je jouirais de la nourriture, sans songer à celui qui me la donne ! Tous les jours je mangerais et je serais rassasié, sans m'élever jusqu'à l'Auteur de tous ces biens ! Non, tendre

Père, mon cœur ne sera point ingrat : il vous rendra chaque jour les actions de graces qui vous sont dues. Ah! si durant mon enfance, j'ai reçu la nourriture sans pouvoir élever mon âme vers celui qui daignait me la préparer, maintenant que je connais cette main bienfaisante, je veux l'en bénir sans cesse.

Mais pourrais-je mieux lui prouver ma gratitude qu'en partageant ce pain que je possède en abondance, avec ceux qui ne le reçoivent qu'en très-petite mesure ? Hélas ! combien d'enfants du même Père sont moins heureux que moi, quoiqu'ils méritent mieux de l'être! A peine ont-ils du pain: tous les autres moyens de pourvoir à leur subsistance leur sont refusés. Et moi, qui ai reçu tous ces biens de la main de mon Dieu, je refuserais de les partager avec ceux de mes frères qui sont dans l'indigence! N'ont-ils donc pas le même droit à ses bienfaits, et n'est-ce pas pour procurer aux uns le nécessaire, qu'il accorde aux autres le superflu? Ah! que ne m'est-il donné de les soulager tous! Je n'en connais que la moindre partie, et mes biens sont trop bornés pour les répandre sur tous les malheureux. Mais vous, ô le meilleur des pères, qui connaissez tous vos enfants, vous pouvez rassasier tous ceux qui crient vers vous dans leur détresse. Je les recommande à vos soins paternels : donnez-leur le pain qui leur est nécessaire ; accordez-leur la paix et la sérénité de l'âme qui le leur fassent manger dans la joie. Que j'obtienne aussi les mêmes dons de votre bonté, et alors je serai plus heureux avec le pain seul pour nourriture, et l'eau pour breuvage, que l'homme gourmand et voluptueux, méconnaissant la main qui le nourrit, ne l'est en savourant les mets les plus délicats.

IV

Le règne végétal est, pour l'observateur attentif de la nature, une école bien instructive de la profonde intelligence et du pouvoir sans bornes de son Auteur. Quand notre vie se prolongerait au-delà d'un siècle, et que chacun de nos jours serait consacré à l'étude des plantes, il resterait encore, à la fin de notre carrière, une multitude de choses, ou que nous n'aurions pas aperçues, ou que nous n'aurions pas été en état d'observer suffisamment. Réfléchissez sur la production des végétaux; examinez leur structure intérieure et la conformation de leurs parties: songez à cette simplicité et à cette diversité qu'on y découvre, depuis le brin d'herbe jusqu'au chêne le plus élevé; essayez de connaître la manière dont ils croissent, dont ils se propagent, dont ils se conservent, et les différentes utilités qu'ils ont pour l'homme et pour les animaux : chacun de ces articles peut occuper les forces de votre esprit, et vous faire sentir la puissance, la sagesse et la bonté infinie du Créateur. Partout vous découvrirez, avec admiration, l'ordre le plus merveilleux, le plus incompréhensible, et les fins les plus excellentes : mais combien vous serez encore éloigné d'avoir tout compris !

Au reste, ce qu'il nous est donné de savoir suffit aux vues

que Dieu s'est proposées. Quand vous ne connaîtriez des plantes que les phénomènes les plus communs ; quand vous sauriez seulement qu'un grain de blé, lorsqu'il est semé, développe d'abord une racine, puis une tige qui porte des feuilles, et des fruits où se trouvent renfermés les germes de nouvelles plantes, c'en serait assez pour y reconnaître la providence et la vigilance paternelle de l'Etre souverain.

Venez, et voyez combien la vue de ces champs peut vous inspirer encore de salutaires pensées. Ce champ était naguère exposé à de grands dangers ; des vents impétueux soufflaient autour de lui, et souvent l'orage menaçait d'abattre et de briser tous les épis qui le couronnent : cependant la Providence l'a conservé jusqu'à ce jour. Ainsi la tempête des afflictions menace souvent de nous renverser ; mais cette tempête même est nécessaire : elle nous purifie, et sert à déraciner l'ivraie du vice. Au milieu des peines et des souffrances, nos lumières, notre foi, notre humilité, croissent et se fortifient. Il est vrai que, semblables à de faibles épis, nous plions quelquefois et nous nous voyons courbés vers la terre; mais la main secourable de notre Père nous soutient alors, et nous relève.

Vers le temps de la moisson le blé mûrit très-vite : la rosée, la chaleur du soleil, des pluies bienfaisantes, se réunissent pour en hâter la maturité. Ah ! puissé-je, de jour en jour, mûrir pour le Ciel ! puissé-je rapporter à cette fin salutaire tous les évènements de ma vie ! Quelle que puisse être ma situation ici-bas;

que le soleil brille ou qu'il soit couvert de nuages; que mes jours soient sombres ou sereins; n'importe, pourvu que tout concoure à perfectionner ma piété, et à me disposer de plus en plus pour la céleste patrie !

Voyez encore comme ces épis chargés de grains diffèrent en hauteur de ceux qui sont maigres et légers : ceux-ci s'élèvent et dominent sur tout le champ, tandis que les autres plient sous leur propre poids. Vive et naturelle image de deux sortes de chrétiens ! Il en est de vains et de présomptueux, qui s'élèvent insolemment au-dessus de leurs frères ; ils regardent avec mépris la véritable piété ; et, dans leur folle prêsomption, ils dédaignent les moyens de salut. L'homme, au contraire, riche en vertus et plein de bonnes œuvres, se courbe humblement, comme un épi chargé des plus précieux dons.

Tous les grains qui doivent être moissonnés ne sont pas également bons : combien d'ivraie et d'herbes inutiles mêlées avec le froment ! Tel est l'état du chrétien en ce monde ; il trouve toujours en lui un mélange de bonnes et de mauvaises qualités; et sa corruption naturelle, triste et funeste ivraie, ne nuit que trop souvent aux progrès de la vertu.

Un champ de blé est non-seulement l'image d'un chrétien, il l'est de toute l'Eglise. Souvent, par leurs exemples, les impies et les méchants sèment l'ivraie parmi la bonne semence. Le grand Propriétaire du champ permet que cette ivraie demeure : il use de patience, il attend ; et ce ne sera qu'au temps de la moison, au jour redoutable des rétributions et des vengeances, qu'il laissera un libre cours à sa justice.

Voyez enfin avec quel empressement l'habitant des campagnes accourt pour recueillir les biens de la terre : la faux tranche tout devant lui. Ainsi la mort abat tout, les grands et les petits, les saints et les pécheurs.

Mais quel bruit se fait entendre ! Ce sont des cris de joie et d'allégresse, à la vue d'une abondante moisson. Ah ! que ce soient aussi des cris de louanges et d'actions de graces pour les bontés du Dieu de qui procèdent tant de biens ! Quel sera notre ravissements, dans le grand jour de la moisson ! de quels sentiments nos cœurs seront inondés, lorsque nous nous verrons dans la bienheureuse société des esprits célestes ! Alors nous nous rappellerons nos anciens travaux, les peines, les dangers et les tempêtes que nous aurons essuyés, et nos voix se réuniront pour bénir le Père bienfaisant qui aura veillé sur nous.

Que la vue des campagnes nous rappelle souvent ces champs où Dieu dépose une autre semence.

Les corps humains ensevelis dans la terre sont aussi des germes : leur destination est de croître et de mûrir pour la moisson de l'éternité. En considérant un grain de froment, avais-je lieu de m'attendre à en voir sortir l'épi, dont cependant les parties essentielles s'y trouvaient renfermées ? Je comprends moins encore comment, de mon corps réduit en poussière, proviendra un corps glorifié, quoique la matière en soit peut-être déjà renfermée dans ce corps terrestre : mais j'attends avec un doux espoir le temps de la récolte, et le fruit des promesses ainsi que des mérites de mon Rédempteur.

Un jour la semence sera rendue féconde : un jour le germe primitif que renferme la moins noble partie de moi-même, ce germe que rien ne peut altérer, se développera, se reproduira sous une forme nouvelle par la résurrection. O vous qui êtes actuellement les contempteurs de ma foi, de quel tremblement vous serez alors saisis !.... Mon corps doit se dissoudre, il est vrai, et retourner en terre : mais il ne sera pas éternellement dans l'état où la mort l'aura réduit ; et, avant ce temps-là même, si j'ai été vraiment juste et fidèle, mon âme comblée de félicité, se reposera dans le sein de son Dieu, des travaux de cette vie.

— Lille, Typ. L. Lefort. 1854 —

www.ingramcontent.com/pod-product-compliance
Lightning Source LLC
LaVergne TN
LVHW011953160826
845678LV00002B/522

* 9 7 8 2 3 2 9 6 7 9 3 9 6 *